BEI GRIN MACHT SICH IHR WISSEN BEZAHLT

AF143486

- Wir veröffentlichen Ihre Hausarbeit,
  Bachelor- und Masterarbeit

- Ihr eigenes eBook und Buch -
  weltweit in allen wichtigen Shops

- Verdienen Sie an jedem Verkauf

Jetzt bei www.GRIN.com hochladen und kostenlos publizieren

GRIN

Harm Linnecke

Wahlprognosemodelle: Der Ansatz von Gschwend und Norpoth

GRIN Verlag

Bibliografische Information der Deutschen Nationalbibliothek:

Die Deutsche Bibliothek verzeichnet diese Publikation in der Deutschen National-
bibliografie; detaillierte bibliografische Daten sind im Internet über http://dnb.d-
nb.de/ abrufbar.

Impressum:

Copyright © 2005 GRIN Verlag GmbH
Druck und Bindung: Books on Demand GmbH, Norderstedt Germany
ISBN: 978-3-638-66272-7

Dieses Buch bei GRIN:

http://www.grin.com/de/e-book/53518/wahlprognosemodelle-der-ansatz-von-
gschwend-und-norpoth

GRIN - Your knowledge has value

Der GRIN Verlag publiziert seit 1998 wissenschaftliche Arbeiten von Studenten, Hochschullehrern und anderen Akademikern als eBook und gedrucktes Buch. Die Verlagswebsite www.grin.com ist die ideale Plattform zur Veröffentlichung von Hausarbeiten, Abschlussarbeiten, wissenschaftlichen Aufsätzen, Dissertationen und Fachbüchern.

Besuchen Sie uns im Internet:

http://www.grin.com/

http://www.facebook.com/grincom

http://www.twitter.com/grin_com

MARTIN-LUTHER-UNIVERSITÄT HALLE-WITTENBERG
Wirtschaftswissenschaftliche Fakultät
Lehrstuhl für Statistik

Wahlprognosemodelle: Der Ansatz von Gschwend und Norpoth

von

Harm Linnecke

12.2005

Schriftliche Hausarbeit im Rahmen des Seminars

Empirische Wahlforschung

Wintersemester 2005/06

Inhaltsverzeichnis

1.   Einleitung..1

   1.1   Darstellung des Themas..1

   1.2   Schwerpunkte der Arbeit...2

2.   Das Wahlprognosemodell..3

   2.1   Langfristiger Faktor - Parteiunterstützung.....................3

   2.2   Mittelfristiger Faktor – Regierungsverschleiß................6

   2.3   Kurzfristiger Faktor – Kanzlerunterstützung..................8

   2.4   Theoretische Ableitung der Formel des Modells..........11

3.   Gültigkeit des Modells für Bundestagswahlen.........................15

   3.1   Prognose für 2002 – „Mit ROT-GRÜN ins Schwarze getroffen: Prognosemodell besteht Feuertaufe."........15

   3.2   Prognose für 2005 – „Richtig liegen ohne Volksbefragung. "..18

   3.3   Rückblick auf vergangene Wahlen und Ausblick........19

4.   Zusammenfassung...20

Abbildungsverzeichnis...21

Literaturverzeichnis...22

Anhang...23

1. Einleitung

1.1 Darstellung des Themas

In der heutigen Gesellschaft spielen die Meinungsforschungsinstitute eine immer größere Rolle. Die verschiedenen Institute führen regelmäßig Umfragen für die nächsten Wahlen durch.

Die vielen Fernsehsender, Zeitschriften und Zeitungen wollen stets die aktuellsten Umfragen der Öffentlichkeit präsentieren und die Meinungsforscher des Emnid Instituts, Forsa, Infratest Dimap, Allensbach, der Forschungsgruppe Wahlen und Polis werden dieser ständig steigenden Nachfrage gerecht.

Allerdings zeigen diese Institute mit den Umfragen vor der Wahl nur ein demoskopisches Stimmungsbild und keine wirklich genaue Prognose [1].

Die letzten Umfragen vor den Bundestagswahlen zeigen eine gute Tendenz, wie viel Prozent die Parteien bei der Wahl bekommen.

Meistens weichen diese um 1 oder 2 Prozentpunkte vom Endergebnis ab, aber selten gibt es eine größere Abweichung. Diese geringen Abweichungen können aber schon darüber entscheiden, welche Parteien regieren können.

Deshalb können die Umfragen der Meinungsforschungsinstitute die Politik und die Bevölkerung beeinflussen. Bei der Bundestagswahl 2002 hatte die ARD in der Wahlprognose direkt am Wahlabend die CDU so stark vor der SPD gesehen, dass sich die CDU schon als Wahlsieger feierte. Dahingegen hatte die Forschungsgruppe Wahlen vorhergesagt, dass SPD und CDU genau die gleichen Stimmenanteile haben, so wie es schließlich beim Endergebnis feststand. Außerdem können die Bürger bei ihrer Wahlentscheidung durch die Umfragen beeinflusst werden, wenn sie Mitleid mit der Partei hätten, die in den Umfragen klar hinten liegt oder sie verstärkt zur Wahl gehen, wenn ein knappes Ergebnis vorhergesagt wird.

---

[1] Vgl. Wüst (2003), S.84.

Oftmals werden diese Umfragen nicht repräsentativ durchgeführt, denn es gibt zu kleine Stichproben und Fehlertoleranzen sind hoch, weswegen diese Form der Demoskopie kritisch gesehen werden kann. Die Demoskopen tragen eine solch große Verantwortung, dass die Wissenschaftler Thomas Gschwend und Helmut Norpoth schlussfolgern: "Wahlprognosen sind ein zu ernste Sache, als dass man sie den Meinungsforschern überlassen könnte ".[2]

Prof. Dr. Helmut Norpoth von der State University of New York at Stony Brook, die zu den wichtigsten politikwissenschaftlichen Forschungseinrichtungen in den USA gehört, und Dr. Thomas Gschwend vom Mannheimer Zentrum für Europäische Sozialforschung entwickelten ein Wahlprognosemodell für Bundestagswahlen, das nur den Stimmenanteil der regierenden Parteien bei der nächsten Wahl mit bestimmten Faktoren vorhersagt und eine Aussage über Sieg oder Niederlage der amtierenden Regierung treffen möchte. Das Modell sagte einige Monate vor der Bundestagswahl 2002 den Sieg der regierenden Koalition von SPD und Grünen mit den genauen Stimmenanteil voraus. Deshalb stieg das Interesse an diesem Modell, es lohnt sich dieses ausführlich vorzustellen.

1.2 Schwerpunkte der Arbeit

Das Wahlprognosemodell von Norpoth und Gschwend schätzt den Stimmenanteil der Regierungsparteien durch drei Faktoren, einen langfristigen Faktor (Parteiunterstützung), einen kurzfristigen Faktor (Kanzlerunterstützung) und den mittelfristigen Faktor (Regierungsverschleiß). Diese drei Variablen und die theoretische Herleitung der Formel des Modells müssen ausführlich erläutert werden. Bei der Beurteilung der Vorheersagekraft steht vor allem die Bundestagswahl 2002 im Blickpunkt, da die Prognose genau das Endergebnis traf. Für die Bundestagswahl 2002 wurde zum ersten Mal eine Prognose vor der Wahl abgegeben, bei der Wahl 2005 stand das Modell erneut auf dem Prüfstand.

---

[2] Vgl. Wüst (2003), S. 83.

2.   Das Wahlprognosemodell

2.1   Langfristiger Faktor - Parteiunterstützung

Das Prognosemodell schätzt den gesamten Stimmenanteil der amtierenden Regierungsparteien durch nur drei relativ einfach nachzuvollziehende Komponenten, der Anteil einzelner Parteien wird nicht vorhergesagt. Dabei ist der langfristige Faktor zwar meist nicht der für den Ausgang der Wahl entscheidende Faktor, allerdings wird durch den langfristigen Faktor der größte Stimmenanteil der Regierungsparteien erklärt. Zunächst können sich die Parteien einer sogenannten „Stammwählerschaft" sicher sein, denn viele Wähler bauen langfristige Beziehungen zu den Parteien auf. Dieser langfristigen Unterstützung, der Parteienstärke, können sich die Parteien sicher sein. Die durchschnittliche Unterstützung der Parteien ist nach Norpoth und Gschwend das arithmetische Mittel der Stimmenanteile der Regierungsparteien aus den letzten drei Bundestagswahlen, wobei für die Bundestagswahlen 1953 und 1957 nur die Ergebnisse der letzten Wahl einbezogen werden. [3]

In der Tabelle 1 ist ein Vergleich der Stimmenanteile der Regierungs- parteien mit der langfristigen Parteienstärke für die Bundestagswahlen 1952 - 2005 dargestellt. 1953 gibt es die größte Abweichung zwischen der langfristigen Parteienstärke und dem Stimmenanteil, dies war durch den Einbezug lediglich der Daten von 1949 zu erwarten. Insgesamt beträgt die durchschnittliche Abweichung zwischen der Parteienstärke und dem Stimmenanteil 3,6 %, ohne die Wahl 1953 sind es nur 3,1 %. Die langfristige Parteienstärke hängt also deutlich mit dem Stimmenanteil der Regierung bei den Wahlen zusammen. Den gleichen Sachverhalt stellt die Abbildung 1 grafisch dar. Die langfristige Parteiunterstützung, langfristige Parteienstärke bzw. langfristige Parteibindung wird im Folgenden mit „LP" abgekürzt. Abbildung 2 zeigt zunächst ein Streudiagramm, in dem alle Punkte für die Bundestagswahlen eingezeichnet sind. Eine Regressionsgerade wird

---

[3] Vgl. Falter, Gabriel, Weßels (2005), S. 373.

so gezeichnet, dass die quadrierten Abstände aller Punkte zur Geraden minimal werden.

Tabelle 1: Vergleich der Stimmenanteile der Regierungsparteien mit der langfristigen Parteienstärke bei den Bundestagswahlen 1953-2005

Wahl	amt.Regierung vor der Wahl	Stimmen der Regierung in %	langfristige Parteien-stärke in %	Abweichung in %
1953	CDU/CSU + FDP + DP	58	46,9	11,1
1957	CDU/CSU + DP	53,6	48,5	5,1
1961	CDU/CSU	45,3	45,7	0,4
1965	CDU/CSU + FDP	57,1	56,9	0,2
1969	CDU/CSU + SPD	46,1	47,7	1,6
1972	SPD + FDP	54,2	48,7	5,5
1976	SPD + FDP	50,5	50,5	0
1980	SPD + FDP	53,5	51,1	2,4
1983	SPD	38,2	43,7	5,5
1987	CDU/CSU + FDP	53,4	55,8	2,4
1990	CDU/CSU + FDP	54,9	54,7	0,2
1994	CDU/CSU + FDP	49,8	54,6	4,8
1998	CDU/CSU + FDP	44	52,2	8,2
2002	SPD + GRÜNE	47,1	43,3	3,8
2005	SPD + GRÜNE	42,3	46,1	3,8
	durchschnittliche Abweichung			**3,6**

Quelle: Eigene Darstellung

Der positive Zusammenhang sagt aus: je höher die LP ist, je höher sind auch die Stimmen der Regierungskoalition. Dabei ist die Korrelation mit r ≈ 0,5 gegeben.

In der Abbildung sind die Regierungen mit "N" gekennzeichnet, die eine Niederlage einstecken mussten. Somit lässt sich anhand der Abbildung die These aufstellen, dass Regierungen normalerweise mehr als 47,7% LP haben müssen um weiter regieren zu können, wenn die Ausnahmen der Wahlen 2002 und 1998 (Viele Amtsperioden brachten die Niederlage.) nicht weiter beachtet werden. „Wahlen, die knapp an die geschätzte Regressionsgerade

Abbildung 1:Säulendiagramm der Stimmenanteile, der langfristigen Parteiunterstützung und der Abweichung für die Bundestagswahlen 1953-2005

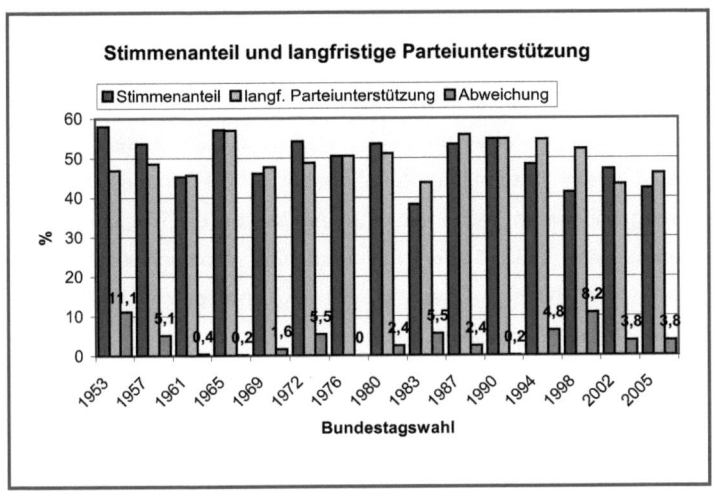

Quelle: Eigene Darstellung

Abbildung 2: Parteienstärke und Regierungswahl

N = Niederlage der Regierung

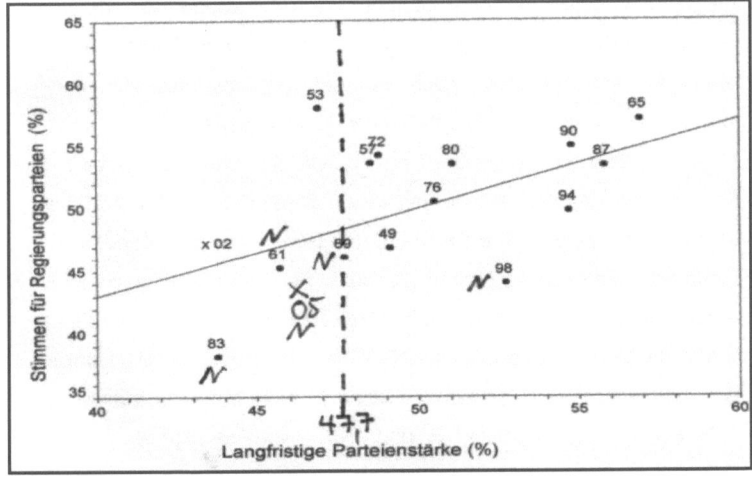

Quelle: Vg. Gschwend, Norpoth (2004), S. 3.

herankommen, können als Normalwahlen bezeichnet werden. " [4]

2.2 Mittelfristiger Faktor - Regierungsverschleiß

Regierungsverschleiß bedeutet, dass die Regierungsparteien durchschnittlich mehr Stimmen verlieren, je länger sie im Amt sind. In Deutschland ist dieses aus der Zeit der Weimarer Republik nur zu gut bekannt. Der Regierungsverschleiß wird an der Anzahl der Amtsperioden, im Weiteren „AP" abgekürzt, gemessen. Die Abbildung 3 zeigt, dass mit der Zunahme der AP die Stimmen für die Regierung abnehmen. Nach nur einer AP kamen die Regierungen bei den Wahlen 1953, 1972, 1987 und 2002 durchschnittlich auf 53,17 % der Stimmen, nach 4 AP lag der durchschnittliche Stimmenanteil nur noch bei 46,1 %.

Durchschnittlich nimmt der Stimmenanteil der Regierungsparteien, die eine AP regiert hat, mit jeder weiteren AP um 1,76 % ab.

Den Trend zeigt Abbildung 4 mit Hilfe der Regressionsgeraden. Wiederum sind in der Abbildung die Wahlen, an denen die Regierung eine Niederlage erlitten hat, mit „N" gekennzeichnet.

Neue Regierungen wurden nach einer Amtsperiode sicher wiedergewählt. Allerdings ist die Wahrscheinlichkeit sehr hoch, dass die aktuelle Regierung 2009 nach nur einer AP abgewählt wird, weil die Grosse Koalition ein Zweckbündnis darstellt. Nach 2 und 3 AP ist eine Abwahl möglich, nach 4 AP ist die Abwahl noch wahrscheinlicher und nach 5 AP ist die Abwahl fast sicher.

Obwohl 1965 die Regierung von CDU/CSU und FDP schon 4 Perioden im Amt war und nur mit einem Stimmenanteil von 45-50 % zu rechnen war, erreichte die Regierung 57,1 % der Stimmen, da der Bundeskanzler Ludwig Erhard als Vater des Wirtschaftswachstums einen starken Bonus erhielt. Da die Parteienlandschaft im Bundestag durch die Grünen und die Linke/PDS in den 80er und 90er Jahren erweitert wurde, verteilen sich die Stimmen nicht mehr nur auf die drei Parteien CDU/CSU,FDP und SPD, sondern auf 5 größere Parteien.

---

[4] Vgl. Jagodzinski, Klein, Mochmann (2000), S.398.

Abbildung 3: Säulendiagramm-Zusammenhang von AP und
den durchschnittlichen Stimmen der Regierungsparteien

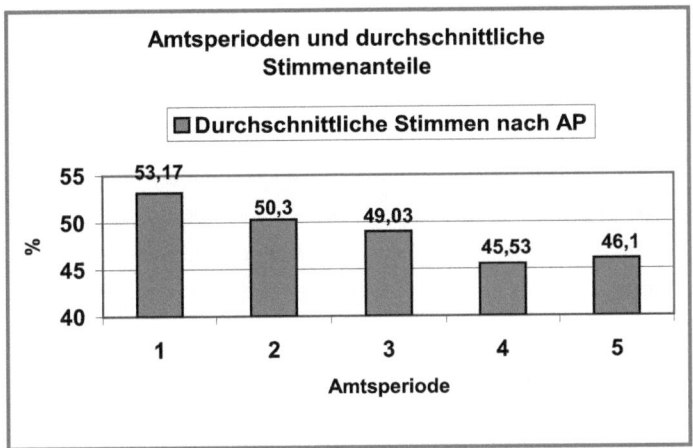

Quelle: Eigene Darstellung

Abbildung 4: Amtsperioden und Regierungswahl

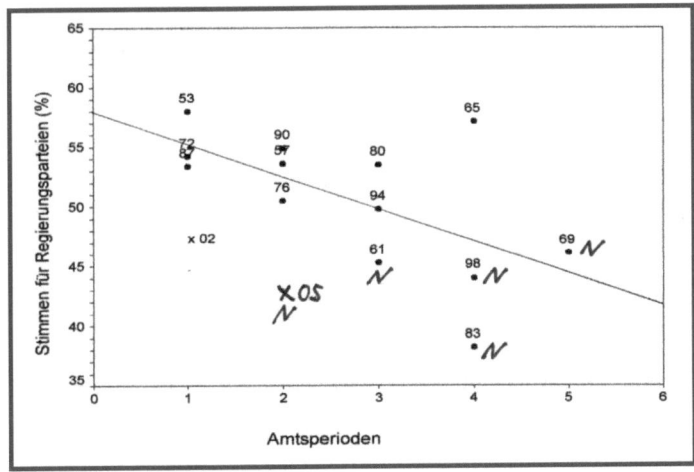

Quelle: Vgl. Gschwend, Norpoth (2004),S. 6.

Daher ist es noch unwahrscheinlicher, dass der Stimmenanteil der Regierung heutzutage deutlich oberhalb der Regressionsgeraden liegt.

Insgesamt lässt sich aber die negative Korrelation (rund r = -0,62) festhalten. Anders formuliert gilt für den Mittelfristigen Faktor die allgemeine These, dass „Regieren Stimmen kostet(„the cost of ruling").“[5]

2.3   Kurzfristiger Faktor – Kanzlerunterstützung

Als kurzfristiger Faktor geht in das Wahlprognosemodell die Kanzlerunterstützung ein. Denn der Bundeskanzler ist ein guter Indikator, wie die Bürger mit der Arbeit der Bundesregierung zufrieden sind und wie der Kanzler den Bürgern persönlich gefällt. „Die Kanzlerfrage trägt den Tagesproblemen, den Issues Rechnung".[6] Die Wähler fragen sich, welcher Kandidat die derzeitigen Probleme am Besten lösen kann. Sie bewerten aber auch die erbrachten Leistungen der Regierung. Dabei spielen die Außenpolitik und die Arbeitslosigkeit als wichtigster Faktor der Innenpolitik eine wichtige Rolle. Die Wissenschaftler Norpoth und Gschwend betrachteten die Daten der Arbeitslosrate, die Wichtigkeit der außenpolitischen Themen und die Kanzlerunterstützung für die Wahlen 1953 – 1998 und zeigten mit einer Regressionsanalyse, wie die abhängige Variable Kanzlerunterstützung („KAN") von den unabhängigen Variablen der Arbeitslosigkeit und der Außenpolitik abhängt. Die Regressionsanalyse lieferte die Formel: [7]

$$KAN = 66,19 - 1,77x \text{ Arbeitslosigkeit} + 10,04 \text{ Außenpolitik} \qquad (1)$$

Das Bestimmtheitsmaß R^2 von 0,595 zeigt, dass die beiden Faktoren einen starken Einfluss auf die KAN haben. Andere Faktoren, wie die Persönlichkeit des Kanzlers, Terrorismus, Innere Sicherheit, Umweltschutz und weitere Themen erklären die restlichen rund 40% der Anteile an der KAN. Dabei wird die Beliebtheit des

---

[5] Vgl. Jagodzinski, Klein, Mochmann (2000), S. 396.
[6] Vgl. Gschwend, Norpoth (2004), S. 4.
[7] Vgl. Gschwend, Norpoth (2000), S.490.

Bundeskanzlers seit 1972 anhand der frage der Forschungsgruppe Wahlen nach dem gewünschten Bundeskanzler ermittelt:

„Wen hätten Sie lieber als Bundeskanzler, (Name des Amtsinhabers) oder (Name des Kandidaten der Opposition)?"[8]

Vor 1972 wurden ähnliche Studien durchgeführt, bei denen nach der Zustimmung mit der Politik des Bundeskanzlers gefragt wurde. Entscheidend ist hierbei der Mittelwert der Kanzlerbeliebtheit ein bis zwei Monate vor der Wahl. Die KAN kann mehr oder weniger Stimmen einbringen, als die Parteien durch die LP bekommen hätten. Der Vorteil oder Nachteil definiert sich anhand der Formel:[9]

$$\text{Kanzlerdifferential} = \text{KAN} - \text{LP (Regierungsparteien)} \qquad (2)$$

In Abbildung 5 und Abbildung 6 ist das Kanzlerdifferential dargestellt. Der 1. Bundeskanzler der Bundesrepublik Deutschland Konrad Adenauer war mit einer KAN bis zu 73 % so beliebt, dass er bei allen Wahlen einen Bonus darstellt. Ludwig Erhard, Georg Kiesinger, Helmut Schmidt und vor allem Willy Brandt waren auch sehr beliebt. Im Vergleich dazu war Helmut Kohl eher weniger beliebt. Sein durchschnittliches Kanzlerdifferential war negativ.

Mit einem durchschnittlichen Kanzlerdifferential von rund +8,14 stellt der Bundeskanzler im Schnitt eine Unteerstützung dar.

Abbildung 7 stellt den Regressionszusammenhang der KAN mit dem Stimmenanteil der Regierungen dar. Dabei weist die KAN eine Korrelation von $r \approx 0,7$ mit dem Stimmenanteil auf. Damit korreliert die KAN am stärksten von allen drei erklärenden Variablen mit dem Stimmenanteil. Die Niederlage von Helmut Kohl nach 16- jähriger Amtszeit passt sich genauso wie der Sieg des sehr beliebten Kanzlers Adenauer im Jahr 1953 an die Regressionsgerade an.

---

[8] Vgl. Wüst (2003), S.111 f. .
[9] Vgl. Wüst (2003), S. 112.

Eine Regierung mit einer KAN von weniger als 49% wurde bislang nicht wiedergewählt.

Abbildung 5,6 : Kanzlerdifferential von 1953 – 2005

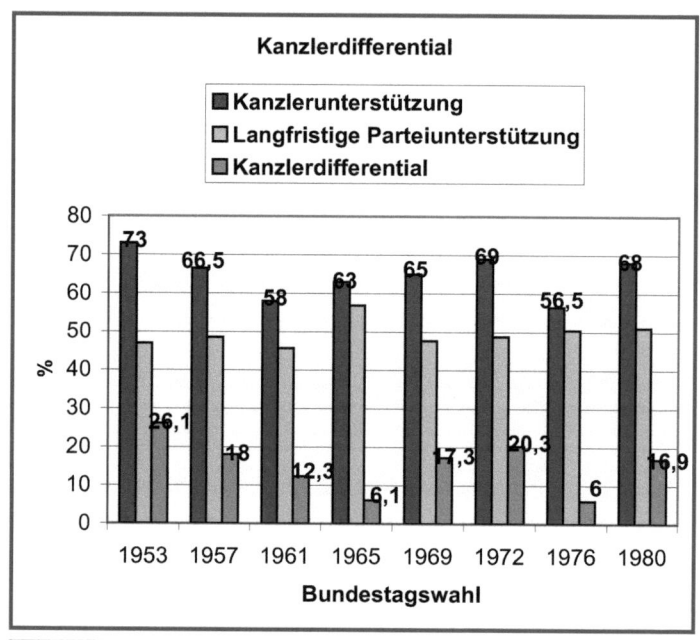

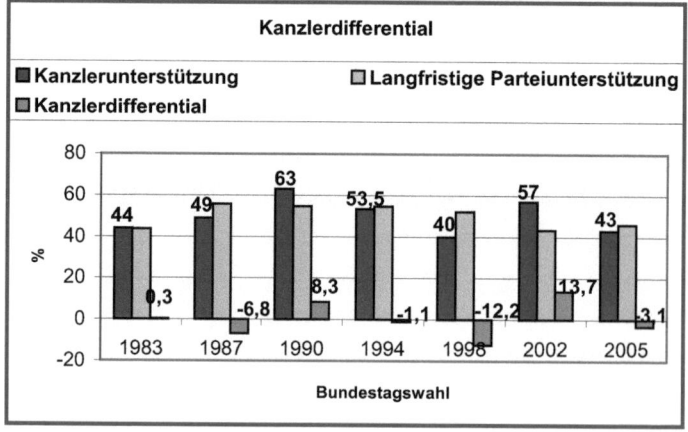

Quelle: Eigene Darstellung

Abbildung 7:Regression von KAN und

Stimmenanteil für Regierungsparteien

N = Niederlage der Regierung

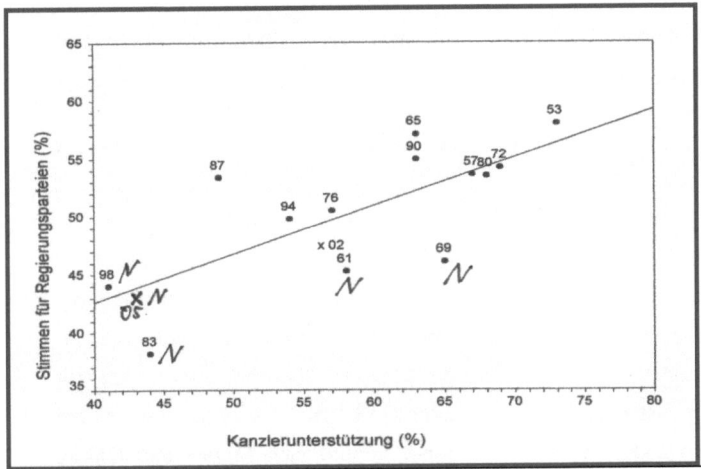

Quelle: Vgl. Gschwend, Norpoth (2004), S. 5.

2.4 Theoretische Ableitung der Formel des Modells

Die abhängige, endogene Variable, der Stimmenanteil, hängt also von den unabhängigen exogenen Variablen LP, AP und der KAN ab. Somit entsteht eine Mehrfach - oder Multiple Regression als Teil der linearen Regressionsanalyse. Der Stimmenanteil kann durch die exogenen Variablen geschätzt werden, der geschätzte Stimmenanteil wird mit $\widehat{y}_t$ bezeichnet. Außerdem werden die Regressionskoeffizienten b_0 als Konstante für die Regressionsgleichung und die partiellen Regressionskoeffizienten b_{LP}, b_{AP} und b_{KAN} eingeführt.

Als Gesamtgleichung ergibt sich somit:

$$\widehat{y}_t = b_0 + b_{LP}LP_t + b_{KAN}KAN_t + b_{AP}AP_t \qquad (3)$$

Der partielle Regressionskoeffizient b_{LP} gibt zum Beispiel an, um wie viel der Stimmenanteil steigt, wenn die KAN und die AP konstant gehalten werden und die LP um eine Einheit steigt. Für die Analyse ist der geschätzte Stimmenanteil $\hat{y}_t$ und die Abweichung vom tatsächlichen Stimmenanteil interessant. Die Abweichung $y_t \cdot \hat{y}_t$ heißt $\hat{e}_t$ (Residualwert) [10]. Wie gut die Daten durch die errechnete Regressionsgerade angepasst werden, ergibt das Bestimmtheitsmaß R² [11]:

$$R^2 = \frac{\sum_{i=1}^{n} (\hat{y}_i - \overline{y})^2}{\sum_{i=1}^{n} (y_i - \overline{y})^2} \tag{4}$$

Dabei nimmt das Bestimmtheitsmaß Werte zwischen 0 und 1 an. Je näher R² an 1 liegt, desto besser ist die Anpassung. In Tabelle 2 werden alle wichtigen geschätzten Größen des Modells angegeben, wobei die Berechnungen, die 13 und 14 Bundestagswahlen einbeziehen, von Norpoth und Gschwend übernommen wurden. Mit dem statistischen Analyseprogramm SPSS 12 konnten die Größen nachvollzogen werden und daher konnte eine Modell das für die Wahl 2009 gültig ist mit dem Analyseprogramm SPSS, das die Methode der Kleinsten Quadrate Schätzer nutzt, erstellt werden. Die SPSS – Analyse ergab zunächst, dass alle drei Variablen eine statistisch signifikante Wirkung und somit einen zuverlässigen Einfluss auf den Stimmenanteil haben.

Aus der Tabelle die folgenden Modelle abgeleitet werden:

$$\hat{y}_{2002} = -6,55 + 0,76xLP_{2002} + 0,39xKAN_{2002} - 1,50xAP_{2002}$$

$$\hat{y}_{2005} = -5,93 + 0,75xLP_{2005_t} + 0,38xKAN_{2005} - 1,52xAP_{2005}$$

$$\hat{y}_{2009} = -5,718 + 0,75xLP_{2009_t} + 0,38xKAN_{2009} - 1,54xAP_{2009}$$

Der Standardfehler des Schätzers ist der Schätzfehler der Regressionsgleichung und gibt an, wie die Schätzwerte von den tatsächlichen Ergebnissen abweichen: [12]

$$\text{Standardfehler (SF) des Schätzers} = \sqrt{\frac{\sum e^2}{n - m - 1}} \tag{5}$$

---

[10] Janssen, Laatz (2005), S. 405.
[11] Janssen, Laatz (2005), S. 408.
[12] Janssen, Laatz (2005), S. 418.

mit   m = Anzahl der erklärenden Variablen, n = Zahl der Beobachtungsfälle

In der Spalte Beta werden die sogenannten standardisierten Beta Koeffizienten dargestellt . „Beta Koeffizienten sind die Regressionskoeffizienten die sich ergeben würden, wenn vor der Anwendung der Regressionsanalyse alle Variablen standardisiert worden wären."[13] Dabei zeigt der Koeffizient, welche Variablen den größten Erklärungsbeitrag auf die Zielvariable liefern.

$$[14] \qquad beta = b_k \frac{s_k}{s_y} \qquad\qquad (6)$$

$b_k =$ Regressionskoeffizient, $s_k =$ die Standardabweichung der erklärenden Variablen, $s_y =$die Standardabweichung der zu erklärenden Variablen.

Als Analyse lässt sich festhalten, dass die Erklärungskraft des Modells weiter zugenommen hat. Rund 95 % der Varianz in den Stimmenanteilen werden erklärt. Nur rund 5 % bleiben unerklärt. Der Standardfehler des Schätzers ist weiter gesunken, von 1,46 auf 1,31. Die Regressionsparameter für die LP, AP und KAN verändern sich nur minimal oder gar nicht und behalten stets das gleiche Vorzeichen, wenn eine weitere Wahl in die Analyse einbezogen wird. Die KAN weist den kleinsten Standardfehler auf, und der standardisierte Beta-Wert ist von allen drei Regressionskoeffizienten am größten. Die KAN hat also den größten Einfluss auf den Stimmenanteil. Im Vergleich dazu spielt die Variable Regierungsverschleiß mit einem Beta-Wert von – 0,34 zwar auch eine Rolle, aber etwas weniger. Dies ist nachvollziehbar, denn für die Wahlentscheidung sollte die erbrachte Arbeit der Regierung wichtiger sein als die Dauer der Regierung im Amt. Alle drei Variablen liefern dennoch einen eigenständigen Erklärungsanteil und sind für das Modell unverzichtbar.

---

[13] Janssen, Laatz (2005), S. 416.
[14] Janssen, Laatz (2005), S. 417.

Tabelle 2: Geschätzte Größen des Multivariaten Modells

gültig für die Prognose zur Wahl 2002(N= 13)

Unabhängige Variablen	Parameter	SF	Beta
	Nichtstand.Koeffizienten		Standardisierte Koeffizienten
Langfristige Parteienunterstützung(LP)	0,76	0,1	0,59
Regierungsverschleiß (AP)	-1,5	0,35	-0,36
Kanzlerunterstützung(KAN)	0,39	0,05	0,65
Konstante	-6,55	6,61	
R-Quadrat	0,936		
N	13		
Standardfehler des Schätzers	1,46		

gültig für die Prognose zur Wahl 2005(N=14)

Unabhängige Variablen	Parameter	SF	Beta
	Nichtstand.Koeffizienten		Standardisierte Koeffizienten
Langfristige Parteienunterstützung(LP)	0,75	0,09	0,59
Regierungsverschleiß (AP)	-1,52	0,3	-0,36
Kanzlerunterstützung(KAN)	0,38	0,04	0,65
Konstante	-5,93	5,32	
R-Quadrat	0,939		
N	14		
Standardfehler des Schätzers	1,39		

gültig für die Prognose zur Wahl 2009(N=15)

Unabhängige Variablen	Parameter	SF	Beta
	Nichtstand.Koeffizienten		Standardisierte Koeffizienten
Langfristige Parteienunterstützung(LP)	0,75	0,081	0,57
Regierungsverschleiß (AP)	-1,54	0,279	-0,34
Kanzlerunterstützung(KAN)	0,38	0,036	0,66
Konstante	-5,718	4,51	
R-Quadrat	0,949		
N	15		
Standardfehler des Schätzers	1,31		

Quelle: Eigene Darstellung in Anlehnung an Gschwend, Norpoth (2004), S.11.

Die Wissenschaftler Norpoth und Gschwend entwickelten Prognosemodelle, die neben den bekannten drei Variablen weitere ökonomische Variablen beinhalten, von denen angenommen werden kann, dass sie mit der Wahlentscheidung stark korrelieren.

Dies sind das Wirtschaftswachstum (Veränderungsrate des BIP in %),die jährliche Arbeitslosenquote, die Preissteigerungsrate und der außenpolische Einfluss. Wurde eine dieser vier neuen Variablen mit in das Modell eingefügt, blieben die geschätzten Regressionskoeffizienten sehr stabil und veränderten sich kaum oder gar nicht. Das Bestimmtheitsmaß sank, nur durch den Einbezug der Arbeitslosenrate stieg die Erklärungskraft leicht. Außerdem zeigte sich in einem weiteren Prognosemodell, dass keine der vier Wirtschaftsvariablen signifikant ist. Deshalb eignen sich diese Variablen nicht direkt für ein Prognosemodell. Sie spielen nur bei der Bewertung des kurzfristigen Faktors, der KAN eine wichtige Rolle und gehen so indirekt in das Prognosemodell ein. [15]

3. Gültigkeit des Modells für Bundestagswahlen

3.1 Prognose für 2002-„Mit ROT-GRÜN ins Schwarze getroffen: Prognosemodell besteht Feuertaufe" [16]

Bei der Bundestagswahl 2002 wurde zum ersten Mal neben den Umfragen der Meinungsforscher eine Prognose aufgrund dieses Wahlprognosemodells für den Stimmenanteil der Regierung aus SPD und den Grünen abgegeben. Die LP stellte gar keine Unterstützung dar, da die ROT- Grüne Regierung mit 43,3 % den niedrigsten Stand an LP in der Geschichte aller Bundestagswahlen darstellte. Abbildung 8 zeigt, dass mit sie damit auf gerade einmal rund 45 % an Stimmen kommen würden.

Das mittelfristige Element, die AP, war allerdings sehr positiv zu beurteilen. Die Regierung von SPD und Grünen hatten eine AP hinter sich und bislang wurde keine Regierungskoalition nach nur einer AP abgewählt (Abbildung 9). Die Geduld der Wählerschaft ist noch nicht allzu sehr strapaziert.

Ebenso stellte das kurzfristige Element eine Unterstützung dar. Denn Gerhard Schröder war klar beliebter als der Herausforderer Edmund Stoiber. Vor allem in Ostdeutschland war Edmund Stoiber weniger beliebt. Schröder lag direkt vor der Wahl mit 24 Prozentpunkten

---

[15] Vgl. Jagodzinski, Klein, Mochmann (2000), S.404 f. .
[16] Vgl. Falter, Gabriel, Wessels (2005), S. 371.

Abstand vor Edmund Stoiber und profitierte von einer progovernmentalen Stimmung .

Abbildung 8:Wahl 2002 - LP und Stimmen für die Regierung

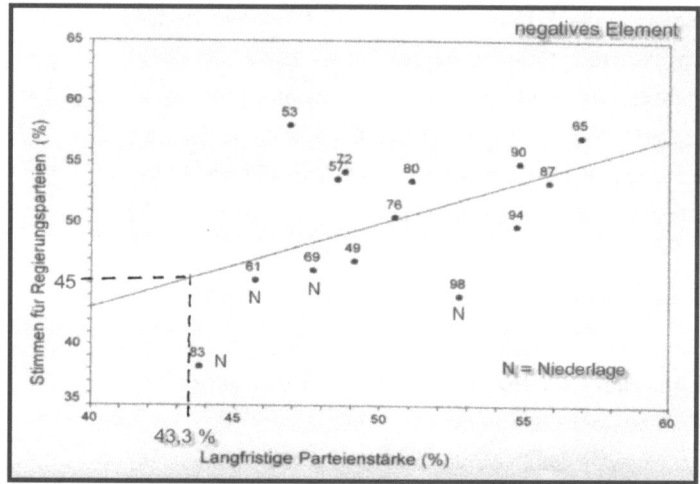

Quelle: Vgl. Gschwend, Norpoth (2004), S.3 + Eigene Darstellung
Abbildung 9: Wahl 2002 – AP und Stimmen für die Regierung

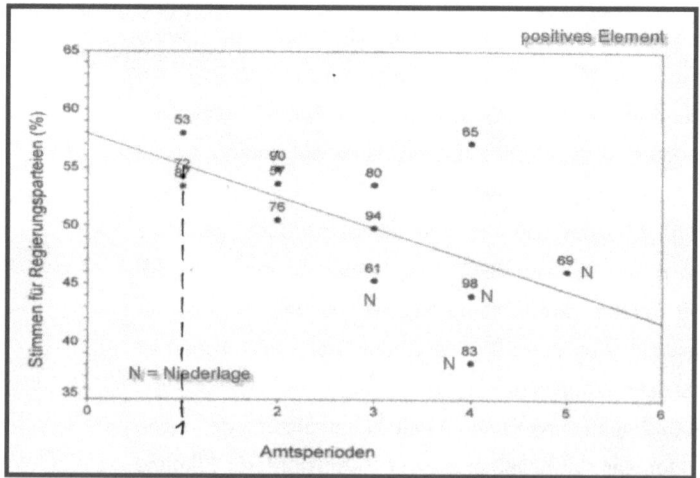

Quelle: Vgl. Gschwend, Norpoth (2004), S.3 + Eigene Darstellung
Seine KAN lag bei 57 % und Abbildung 10 macht deutlich, dass dies

im Mittelfeld der KAN darstellt und ein weiterer Indikator für den Sieg von ROT - Grün gegenüber Schwarz-Gelb. Somit lässt sich mit dem Prognosemodell, dass die Wahlen von 1953 - 1998 einbezogen hat, der Stimmenanteil für ROT - Grün prognostizieren.

$$\tilde{y}_{2002} = -6,55 + 0,76 x LP_{2002} + 0,39 x KAN_{2002} - 1,50 x AP_{2002}$$

$$= - 6,55 + 0,76 \times 43,3 + 0,39 \times 57 - 1,50 \times 1$$

$$= - 6,55 + 32,908 + 22,23 - 1,50 = 47,088 \approx 47,1\ \%$$

Abbildung 10: Wahl 2002 - KAN und Stimmen für die Regierung

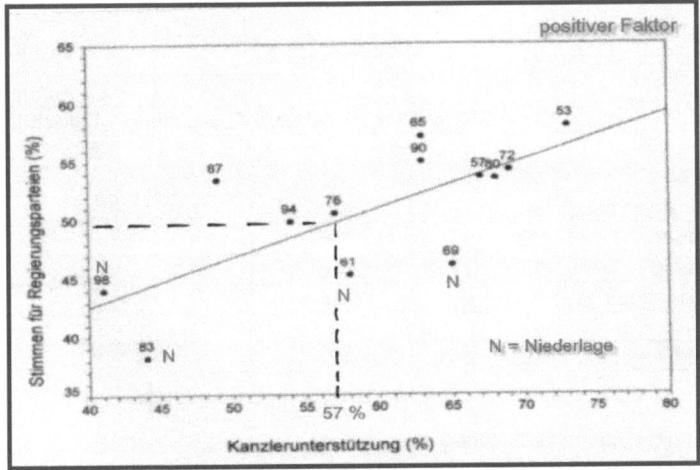

Quelle: Vgl. Gschwend, Norpoth (2004), S.5 + Eigene Darstellung

Die Prognose von Norpoth und Gschwend wurde am 24. August veröffentlicht, verbreitet wurde sie schon einmal am 23. Juni. Damit sollte es für einen Sieg von Rot - GRÜN gegenüber Schwarz-Gelb reichen, falls die PDS und alle sonstigen Parteien mindestens 6 % bekommen. Es wurde aber nicht prognostiziert, ob ROT- GRÜN somit auch eine parlamentarische Mehrheit bekommt. Dazu hätte man eine detailliertere Prognose der Stimmen für die PDS gebraucht. Wegen der schlechten LP lag ROT-GRÜN in den Umfragen lange zurück. Die starke KAN und nur eine AP machten hingegen Hoffnung auf einen Sieg. Die Umfragen der Meinungsforscher waren in der Sonntagsfrage schlecht für ROT - GRÜN. Es sprach sich aber eine Mehrheit für den Fortgang der ROT

- GRÜNEN Regierung aus. Daher versprachen auch die Umfragen eigentlich eine Siegeshoffnung.

Die Prognose traf genau das Endergebnis. Die SPD kam auf 38,5 % und die Grünen auf 8,6 %. Aus Tabelle 3 ist zu entnehmen, dass sich die Wahlprognose sogar mit den letzten Umfragen vor der Wahl 2002 messen konnte, alle großen Umfrageinstitute wichen durchschnittlich um 1% vom Endergebnis ab, die Prognose wich nicht ab ($\bar{e}_t = 0$).

Tabelle 3:
Die letzten Umfragen vor der Wahl 2002

	SPD	GRÜNE	SPD + GRÜNE	Abweichung	durchschn. Abweichung
FGW	40	7	47	0,1	
Infratest Dimap	39	8	46,5	0,6	
Forsa	39	7	46	1,1	
Emnid	39	7	46	1,1	
Allensbach	38	7,5	45	2,1	
					1
Wahlergebnis	39	8,6	47,1		

Quelle : Eigene Darstellung

3.2 Prognose für 2005-„Richtig liegen ohne Volksbefragung"[17]

Bei der Bundestagswahl 2005 verfügte die ROT – GRÜNE Regierung über eine LP von 46,13, sie regierte nun zwei AP (die Kosten des Regierens hatten sich verdoppelt) und Gerhard Schröders KAN lag nur noch bei 43 %. Deshalb ergab dies eine Prognose am 23. August von genau 42 % und somit eine klare Niederlage für ROT – GRÜN. Das Endergebnis lag bei 42,3 % . Die Abweichung war mit 0,3 % wiederum deutlich geringer als bei den Meinungsforschern, deren Abweichung im Schnitt 2 % betrug.

$$\hat{y}_{2005} = -5,93 + 0,75xLP_{2005} + 0,38xKAN_{2005} - 1,52xAP_{2005}$$

$$= -5,93 + 0,75 \times 46,133... + 0,38 \times 43 - 1,52 \times 2$$

---

[17] Vgl. Spiegel Online (2005), S. 1.

$$= -5{,}93 + 34{,}599 \; 16{,}34 - 3{,}04$$
$$= 41{,}969 \approx 42 \; \%$$

3.3 Rückblick auf andere Wahlen und Ausblick

Die Prognose des Modells war also bei der Wahl 2002 und 2005 sehr genau. Unter der Annahme, dass die Wahlen 1953 - 1998 noch nicht stattgefunden hätten[18], wurden auch Prognosen für diese vergangenen Wahlen erstellt. Dabei wichen die Ergebnisse von den Schätzungen 1953 - 1998 nur um 1,51 % ab. Nach jetzt 15 Wahlen liegt die Abweichung nur noch bei 1,32 %. Außerdem spricht für die sehr hohe Güte des Modells, dass es den Sieg oder die Niederlage der amtierenden Regierung immer richtig voraussagte.

Die nächste Bundestagswahl 2009 stellt wie 1969 eine Sondersituation dar, weil eine Große Koalition aus CDU/CSU und SPD zur Wahl antritt . Daher wird für die Prognose 2009 nur der Stimmenanteil der größten Fraktion von CDU/CSU betrachtet, wenn die Annahmen des Modells so fortgesetzt werden. Die CDU/CSU hat die Absicht nach der Wahl wohl wieder mit der FDP zu regieren. Die LP der CDU/CSU liegt bei nur 36,26 % und die Regierung ist dann eine AP im Amt. Der Wert der KAN für die Kanzlerin Merkel steht noch nicht fest. Die KAN sollte mindestens bei rund 55 % liegen, damit die CDU/CSU eine stabile Regierung mit der FDP bilden kann. Die FDP muss allerdings ein weiteres Mal mit 9,8 % ein sehr hohes Niveau erreichen, was sich als Schwierigkeit erweisen kann. Bei einer KAN von nur 50 % oder weniger wird eine Koalition aus CDU/CSU und FDP unmöglich.

---

[18] Vgl. Wüst (2003), S. 118.

4. Zusammenfassung und Fazit

Nach nur 15 Bundestagswahlen steht fest, dass das Modell die Ergebnisse für die Bundestagswahlen mit einer Genauigkeit von 95 % prognostiziert. Die drei Elemente der langfristigen Parteiunterstützung, mittelfristiger Regierungsverschleiß, die kurzfristige Kanzlerunterstützung und die regelmäßige Modifikation der Regressionsgleichung sind ausreichend, um den Stimmenanteil für die Regierung sehr gut vorherzusagen, deutlich besser bislang als die Meinungsforschungsinstitute. Deshalb sollten die Prognosen des Modells zukünftig die gleiche mediale Aufmerksamkeit bekommen wie die Meinungsforscher.

Allerdings kann das Modell nicht den Stimmenanteil einzelner Parteien vorhersagen oder für die Opposition eine Prognose abgeben, weil weder das Element der Abnutzung im Amt, noch die Kanzlerbeliebtheit geeignete Elemente wären. Die Meinungsforscher sind also unverzichtbar. Stellt sich aber die entscheidende Frage, ob die amtierende Regierung nach der Wahl weiter im Amt ist, sollte dem Prognosemodell mehr Vertrauen geschenkt werden.

Abbildungsverzeichnis

Abbildung 1: Säulendiagramm der Stimmenanteile, der   S.5
langfristigen Parteiunterstützung und der
Abweichung für die Bundestagswahlen 1953-2005

Abbildung 2: Parteienstärke und Regierungswahl   S.5

Abbildung 3: Säulendiagramm - Zusammenhang von   S.7
AP und den durchschnittlichen Stimmen der
Regierungskoalition

Abbildung 4: Amtsperioden und Regierungswahl   S.7

Abbildung 5,6 : Kanzlerdifferential von 1953 – 2005   S.10

Abbildung 7: Regression von KAN und Stimmenanteil für   S.11
Regierungsparteien

Abbildung 8: Wahl 2002 – LP und Stimmen für die Regierung   S.16

Abbildung 9: Wahl 2002 – AP und Stimmen für die Regierung   S.16

Abbildung 10: Wahl 2002 – KAN und Stimmen   S.17
für die Regierung

Literaturverzeichnis

Falter, W., Gabriel, W., Weßels, B. (2005), *Wahlen und Wähler –
Analysen aus Anlass der Bundestagswahl 2002*, Verlag für
Sozialwissenschaft, Wiesbaden.

Gschwend, T.,Norpoth, H. (2000), *„Wenn am nächsten Sonntag...“* :
Ein Prognosemodell für Bundestagswahlen, in: Klingemann, H.-
D.,Kaase, M. (2001) Wahlen und Wähler, Analysen aus Anlaß der
Bundestagswahl 1998, Westdeutscher Verlag, Wiesbaden.

Jagodzinski, W., Klein, M., Mochmann, E. (2000), *50 Jahre
Empirische Wahlforschung in Deutschland. Entwicklung, Befunde,
Perspektiven, Daten.*, Westdeutscher verlag, Wiesbaden.

Janssen, J, Laatz, W. (2005), *Statistische Datenanalyse mit SPSS*
für Windows, 5. Auflage., Springer, Berlin.

Mannheimer Zentrum für Europäische Sozialforschung (2004),
Working Papers – *Mit Rot.Grün ins Schwarze getroffen:
Prognosemodell besteht Feuertaufe*, Gschwend, T. , Norpoth, H. ,
http://www.mzes.uni-mannheim.de/publications/wp-75.pdf
Zugriff am 2.10.2005.

Spiegel Online (2005), Wahlprognosen,
http://www.spiegel.de/wissenschaft/mensch/0,1518,375459,00.html
Zugriff am 5.10.2005.

Wüst, M. (2003), *Politbarometer*, Leske + Budrich Opladen,
Hemsbach.

Anhang

Datengrundlage: Ergebnisse aller Bundestagswahlen

Bundestagswahlen und Bundesregierungen seit 1949

Wahltag	Details/ Länder	Wahlb.	CDU CSU	SPD	FDP	Bündnis 90/ DIE GRÜNEN	PDS	Sonstige	Si (V
14.08.1949			78.5%	31.0%	29.2%	11.9%	–	–	KPD 5.7% BP 4.2% DP 4.0% Z 3.1% WAV 2.9% DReP 1.6% SSW 0.3% Unabh. 4.8%	4 (2
06.09.1953			86.0%	45.2%	28.8%	9.5%	–	–	GB-BHE 5.9% DP 3.3% Z 0.8%	4 (2
15.09.1957			87.8%	50.2%	31.8%	7.7%	–	–	DP 3.4%	4 (2
17.09.1961			87.7%	45.3%	36.2%	12.8%	–	–	GDP 2.8%	4 (2
19.09.1965			86.8%	47.6%	39.3%	9.5%	–	–	NPD 2.0%	4 (2
28.09.1969			86.7%	46.1%	42.7%	5.8%	–	–	NPD 4.3%	4 (2
19.11.1972			91.1%	44.9%	45.8%	8.4%	–	–	NPD 0.6%	4 (2
03.10.1976			90.7%	48.6%	42.6%	7.9%	–	–	NPD 0.3%	4 (2
05.10.1980			88.6%	44.5%	42.9%	10.6%	1.5%	–	DKP 0.2%	4 (2
06.03.1983			89.1%	48.8%	38.2%	7.0%	5.6%	–	NPD 0.2%	4 (2
25.01.1987			84.3%	44.3%	37.0%	9.1%	8.3%	–	NPD 0.6%	4 (2
02.12.1990			77.8%	43.8%	33.5%	11.0%	GRÜNE 3.8% B90/Gr 1.2%	2.4%	REP 2.1%	6 (3
16.10.1994			79.0%	41.4%	36.4%	6.9%	7.3%	4.4%	REP 1.9%	6 (3
27.09.1998			82.2%	35.1%	40.9%	6.2%	6.7%	5.1%	REP 1.8%	6 (3
22.09.2002			79.1%	38.5%	38.5%	7.4%	8.6%	4.0%	Schill 0.8%	6 (2
18.09.2005			77.7%	35.2%	34.3%	9.8%	8.1%	8.7%	NPD 1.6%	6 (2

SPSS-Analyse: Aktuelle Korrelationen von LP und Stimmenanteil
für die Regierungsparteien

		Stimmen anteil	LP
Stimmenanteil	Korrelation nach Pearson	1	,548(*)
	Signifikanz (2-seitig)		,034
	N	15	15
LP	Korrelation nach Pearson	,548(*)	1
	Signifikanz (2-seitig)	,034	
	N	15	15

SPSS-Output: Lineare Regression von LP und Stimmenanteil

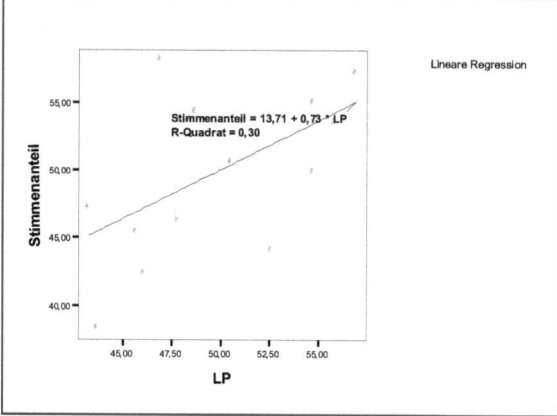

SPSS-Analyse :Aktuelle Korrelation von AP und
Stimmenanteil für die Regierungsparteien

		Stimmen anteil	AP
Stimmenanteil	Korrelation nach Pearson	1	-,435
	Signifikanz (2-seitig)		,105
	N	15	15
AP	Korrelation nach Pearson	-,435	1
	Signifikanz (2-seitig)	,105	
	N	15	15

SPSS-Output: Lineare Regression von AP und Stimmenanteil

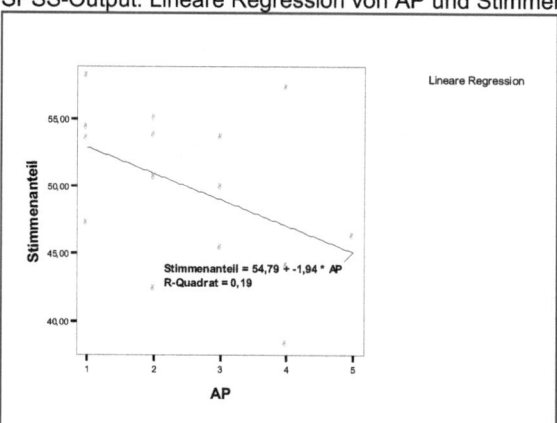

SPSS - Analyse: Aktuelle Korrelationen von KAN und Stimmenanteil für die Regierungsparteien

		Stimmen anteil	Kanzlerunterstützung
Stimmenanteil	Korrelation nach Pearson	1	,754(**)
	Signifikanz (2-seitig)		,001
	N	15	15
Kanzlerunterstützung	Korrelation nach Pearson	,754(**)	1
	Signifikanz (2-seitig)	,001	
	N	15	15

** Die Korrelation ist auf dem Niveau von 0,01 (2-seitig) signifikant

Lineare Regression von KAN und Stimmenanteil

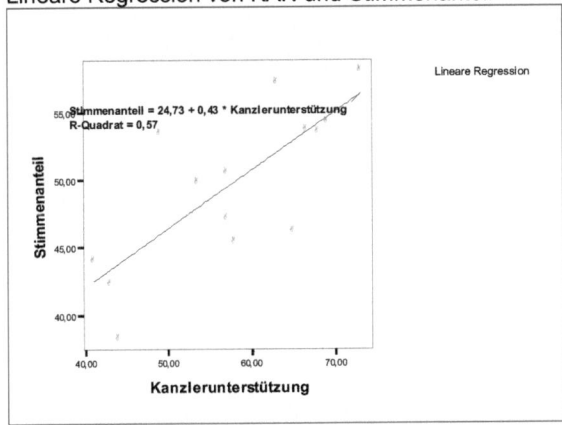

Stimmenanteil = 24,73 + 0,43 * Kanzlerunterstützung
R-Quadrat = 0,57

Beliebtheit der Bundeskanzler nach durchschnittlicher KAN

	Ranglist e der Bundeskanzler	
	Bundeskanzler	**Durchschn. KANN**
1.	Willy Brandt	69
2.	Konrad Adenauer	65,8
3.	Georg Kiesinger	65
4.	Ludwig Erhard	63
5.	Helmut Schmidt	56,1
6.	Helmut Kohl	51,3
7.	Gerhard Schröder	50

SPSS - Analyse :Regressionsmodell für die Wahlen 1953 - 2005

Modell		Nicht standardisierte Koeffizienten		Standardisierte Koeffizienten		
		B	Standardfehler	Beta	T	Signifikanz
1	(Konstante)	-5,718	4,509		-1,268	,231
	LP	,751	,081	,567	9,298	,000
	AP	-1,538	,279	-,344	-5,504	,000
	Kanzlerunterstützung	,381	,036	,662	10,630	,000

a Abhängige Variable: Stimmenanteil

Politische Stimmung 2002

Abbildung 1: Politische Stimmung 2002:
Regierung und Opposition aus CDU/CSU und FDP

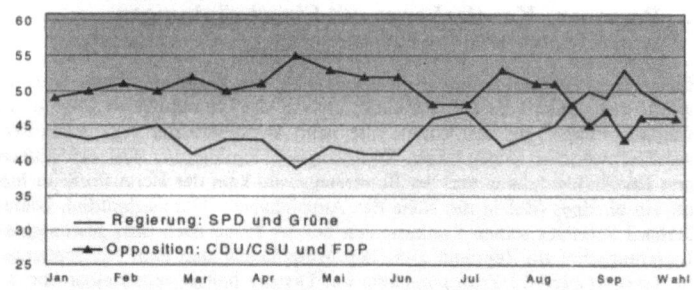

Forschungsgruppe Wahlen: Politbarometer

Entwicklung der Popularitätswerte von Schröder und Stoiber

Abbildung 2: Entwicklung der Popularitätswerte von Schröder und Stoiber im Jahre 2002 (Antworten auf die "Kanzlerfrage", Prozent)

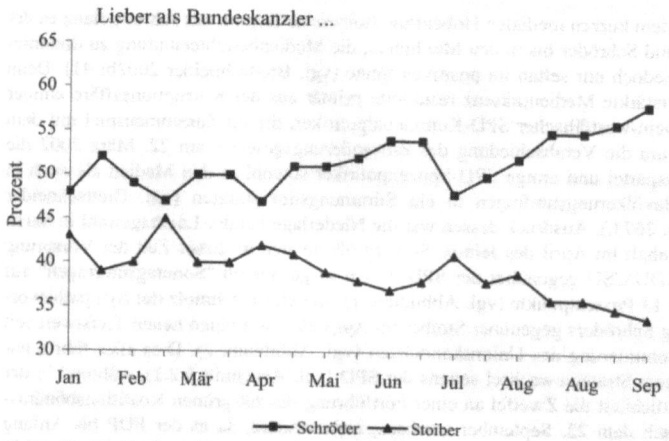

Quelle: Forschungsgruppe Wahlen (2002: 34).

Ergebnis der Bundestagswahl 2002:

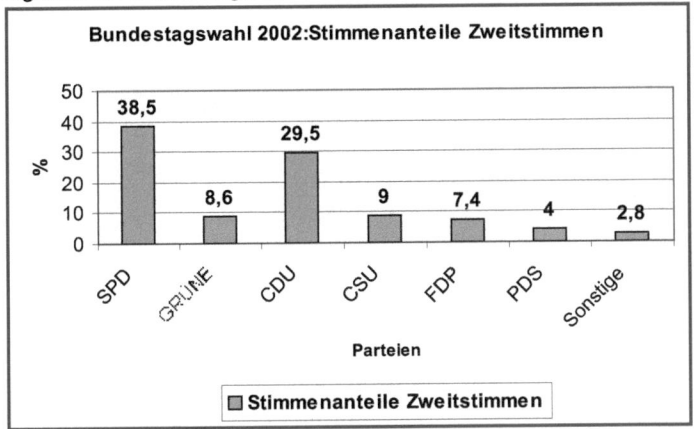

Ergebnis der Bundestagswahl 2005:

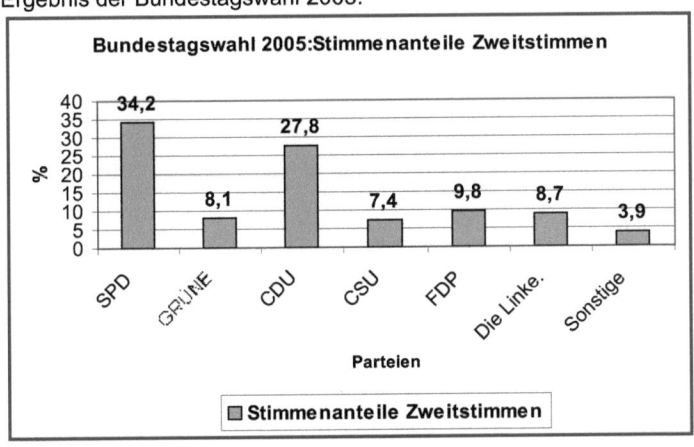

Die letzten Umfragen vor der Wahl 2005:

	SPD	GRÜNE	SPD + GRÜNE	Abweichung	durchschn. Abweichung
FGW	34	7	41	1,3	
Infratest Dimap	34	7	41	1,3	
Forsa	33	6,5	39,5	2,8	
Emnid	33,5	7	40,5	1,8	
Allensbach	32,5	7	39,5	2,8	
					2
Wahlergebnis	34,2	8,1	42,3		